멘사 천재 퍼즐

멘사 천재 퍼즐

ⓒ 박구연 , 2017

초판 1쇄 발행일 2017년 12월 12일
초판 2쇄 발행일 2019년 1월 23일

지은이 박구연
펴낸이 김지영 **펴낸곳** 지브레인Gbrain
제작 · 관리 김동영 **마케팅** 조명구

출판등록 2001년 7월 3일 제2005-000022호
주소 04021 서울시 마포구 월드컵로7길 88 2층
전화 (02)2648-7224 **팩스** (02)2654-7696

ISBN 978-89-5979-522-2(03410)

- 책값은 뒤표지에 있습니다.
- 잘못된 책은 교환해 드립니다.

표지 이미지는 www.shutterstock.com
본문 이미지는 www.freepik.com과 www.utoimage.com 사용했습니다.

멘사 천재 퍼즐

박구연 지음

지브레인

아인슈타인은 다음과 같이 말했습니다.

"진정한 지성의 징표는 지식이 아니라 상상력이다."

창의성의 중요성을 강조한 명언입니다. 창의성이란 새로운 아이디어를 창출하는 능력인데, 요즘 인공지능과 사물인터넷, 빅데이터, 클라우딩의 시대에 창의성은 필수 조건이 되었습니다. 따라서 창의성을 끊임없이 추구하기 위해서는 많은 관심과 그에 따른 해결력이 필요한데, 그 하나의 방법이 퍼즐을 풀어보는 것입니다. 퍼즐은 간단한 수수께끼일 수도 있고, 생각을 크게 요하는 심화문제일 수도 있는 다양하고도 넓은 세계입니다. 즉 풀면 풀수록 더 나은 창의성의 세계로 인도하는 놀이 문화이자 학문인 것입니다.

이 책은 창의성의 윤활유로 사용되는 퍼즐 중 어렵다는 평이 나 있는 멘사 유형의 문제를 소개하고 있습니다.

사고의 폭이 넓고 다양한 상상력을 가진 두뇌 회전력이 빠른 사람이라면 쉽게 풀 수 있을지도 모릅니다. 멘사 문제는 수학적 스펙트럼이나 지식의 깊이가 필요한 고난이도만 있는 것이 아니라 다양한 사고력을 풀어낼 수 있는 생각의 전환을 통해 재미있게 풀

수 있는 쉬운 문제들도 있기 때문입니다.

거미집을 짓지 않는 거미는 거미집을 짓는 거미보다 더 많은 영역을 탐색하고 활동한다고 합니다. 머릿속의 제한된 것을 벗어나 크게 보는 것도 지적 능력을 향상하는 하나의 방법입니다.

이 책은 멘사 문제 유형을 선택해 주제별로 유사 문제를 4문제씩 구성했습니다. 상, 중, 하의 난이도를 골고루 접할 수 있을 것입니다. 문제를 금방 못 풀더라도 너무 실망하지 말고, 다음에 또 도전한다는 자세로 조금씩 편안하게 풀어본다면 아마 많은 지적 향상이 되리라 믿습니다. 감각도 필요하지만 여러분의 에너지를 집중하여 이 문제에 대해 한 문제씩 접근한다면 많은 도움을 주리라 생각하고, 어려운 문제에 접하더라도 과감히 사고를 전환하며 해결하세요. 가족이나 친구들과 경쟁하며 풀어 보아도 재밌을 것입니다. 너무 빨리 문제를 읽어 아는 것을 놓치지 않았으면 합니다.

볼링 경기를 하다 스트라이크를 단번에 질러 맛보는 기쁨을 기대해도 좋지만, 지속적인 스페어 처리도 많은 긍정적 효과를 줄 수 있음을 알게 될 것입니다. 물론 도랑으로 빠지는 거터볼을 쳤더라도 다시 재가동하면서 풀어본다면 실력이 쑥쑥 늘어날 것입니다.

또한 한장 한장씩 책장을 넘기며 문제를 풀다가 이 책이 제시하는 답 외에도 또 다른 풀이와 답을 발견함으로써 여러분은 새로운 신기루를 발견하게 될지도 모릅니다!

2017년 12월 박구연

CONTENTS

Good idea

멘사
천재 퍼즐

봉투 속 5개의 식에 있는 모든 문자 값은 10 미만의 자연수입니다. **?**를 구하세요.

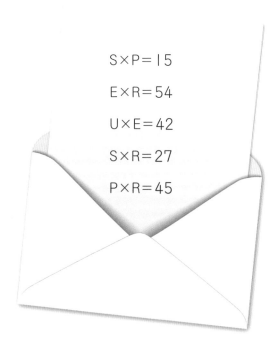

S×P=15

E×R=54

U×E=42

S×R=27

P×R=45

S×U×P×E×R=**?**

봉투 속 5개의 식에 있는 모든 문자 값은 10 미만의 자연수입니다. **?**를 구하세요.

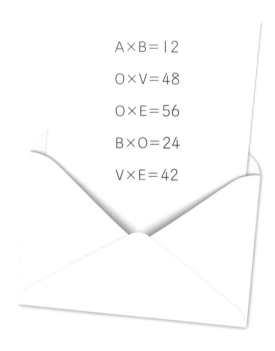

A×B=12

O×V=48

O×E=56

B×O=24

V×E=42

A×B×O×V×E=**?**

봉투 속 5개의 식에 있는 모든 문자 값은 10 미만의 자연수입니다. **?**를 구하세요.

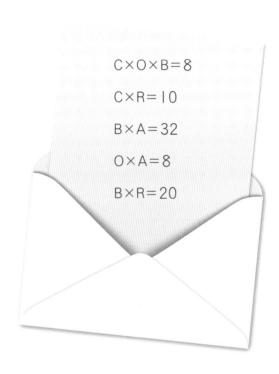

$C \times O \times B = 8$

$C \times R = 10$

$B \times A = 32$

$O \times A = 8$

$B \times R = 20$

$C \times O \times B \times R \times A = ?$

봉투 속 4개의 식에 있는 모든 문자 값은 10 미만의 자연수입니다. **?**를 구하세요.

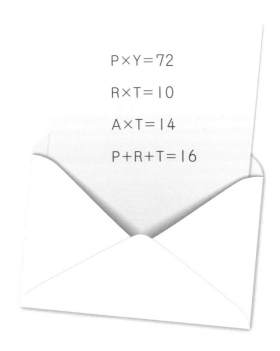

$$P \times Y = 72$$
$$R \times T = 10$$
$$A \times T = 14$$
$$P + R + T = 16$$

$$P \times A \times R \times T \times Y = ?$$

패턴 문제

그림의 패턴을 보고 다섯 번째에는 어떤 그림이 완성되는지 보기에서 찾아보세요.

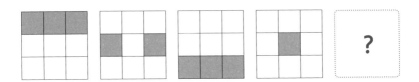

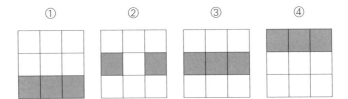

그림의 패턴을 보고 네 번째에는 어떤 그림이 완성되는지 보기에서 찾아보세요.

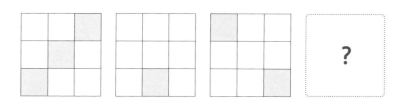

①   ②   ③   ④

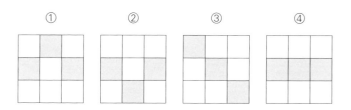

그림의 패턴을 보고 네 번째에는 어떤 그림이 완성되는 지 보기에서 찾아보세요.

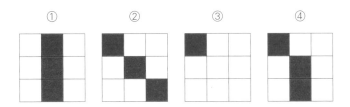

그림의 패턴을 보고 네 번째에는 어떤 그림이 적합한지
보기에서 찾아보세요.

①   ②   ③   ④

여행 가방 속 행 또는 열에 있는 3개의 숫자는 2개의 숫자 사이에 있는 규칙에 따라 남은 세 번째 숫자가 만들어진 것입니다. 행과 열을 관찰하여 빈 칸 안에 알맞은 숫자를 넣어 보세요.

트럭 속 행 또는 열에 있는 3개의 숫자는 2개의 숫자 사이에 있는 규칙에 따라 남은 세 번째 숫자가 만들어진 것입니다. 행과 열을 관찰하여 빈 칸 안에 알맞은 숫자를 넣어 보세요.

스토어 벽에 있는 행 또는 열의 3개의 숫자는 2개의 숫자 사이에 있는 규칙에 따라 남은 세 번째 숫자가 만들어진 것입니다. 행과 열을 관찰하여 빈 칸 안에 알맞은 숫자를 넣어 보세요.

선물 상자 속 행 또는 열에 있는 3개의 숫자는 2개의 숫자 사이에 있는 규칙에 따라 남은 세 번째 숫자가 만들어진 것입니다. 행과 열을 관찰하여 빈 칸 안에 알맞은 숫자를 넣어 보세요.

그림의 전개로 보아 마지막 정사각형 안에 들어가야 할
그림은 어떤 것인지 아래 보기에서 찾아보세요.

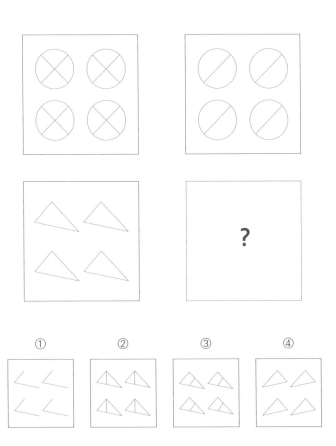

그림의 전개로 보아 마지막 정사각형 안에 알맞지 않은
그림은 어떤 것인지 아래 보기에서 찾아보세요.

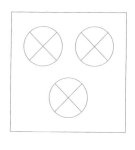
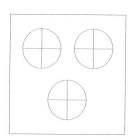

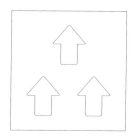

①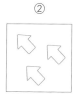
②
③
④

그림의 전개로 보아 마지막 정사각형 안에 들어갈 알맞은 그림을 그려보세요.

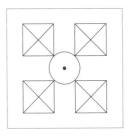

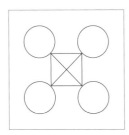

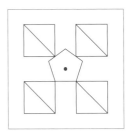

그림의 전개로 보아 마지막 정사각형 안에 알맞지 않은 그림은 어떤 것인지 아래 보기에서 찾아보세요.

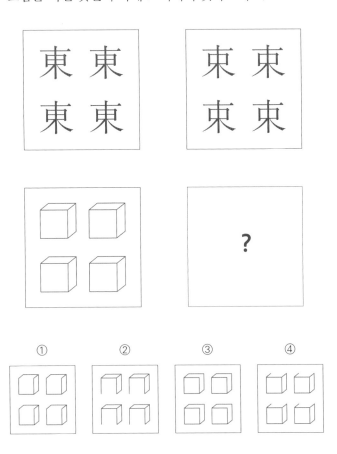

나열된 6개의 숫자를 보고, 규칙을 찾아 **?**에 알맞은 숫자를 써 보세요.

나열된 6개의 숫자를 보고, 규칙을 찾아 **?** 에 알맞은 숫자를 써 보세요.

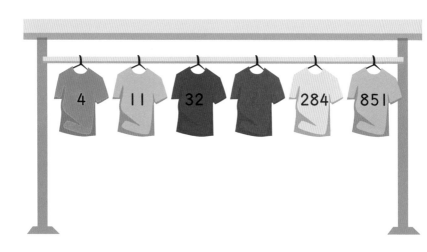

나열된 6개의 숫자를 보고, 규칙을 찾아 **?** 에 알맞은
숫자를 써 보세요.

원판 안의 숫자들은 규칙에 따라 시계방향으로 숫자가 계속 커집니다. 그렇다면 빈 칸에 알맞은 숫자를 구해 보세요.

몇 개의 나무상자로 쌓기나무를 완성했는지 나무상자의 숫자를 세어 보세요.

몇 개의 나무상자로 쌓기나무를 완성했는지 숫자를 세어 보세요.

A는 B의 쌓기나무가 완성되기 전의 모습입니다. B가 완성되기 위해서는 A의 쌓기나무에 몇 개를 더 해야 할까요?

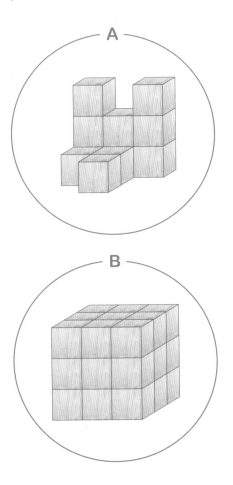

A는 B의 쌍기나무가 완성되기 전의 모습입니다. B가 완성되기 위해서는 A의 쌍기나무에 몇 개를 더해야 할까요?

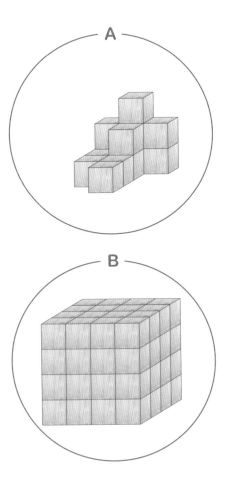

나열된 영문자 사이의 규칙을 찾아, **?** 에 알맞은 영문
자를 써 보세요.

아래는 자음 5개로만 이루어진 순서를 나타낸 것입니다. 이 초성으로 이루어진 합성어를 추리해 보고 **?**에 들어갈 자음이 무엇인지 써 보세요.

송편 위에 쓰여진 자음을 보고, 규칙에 따라 합성어를 유추한 후 마지막 12번째에 들어가는 자음을 구해 보세요.

다음 알파벳을 보고 규칙을 찾아 네 번째에 들어갈 알
파벳을 구해 보세요.

위 3개의 조각과 아래 3개의 조각을 각각 이용하여 서로 넓이와 모양이 같은 도형을 만들어 보세요.

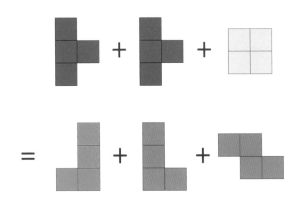

위 3개의 조각과 아래 3개의 조각을 각각 이용하여 서로 넓이와 모양이 같은 도형을 만들어 보세요.

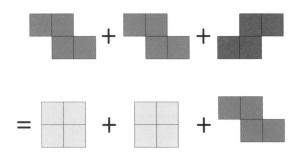

위 4개의 조각과 아래 4개의 조각을 각각 이용하여 서로 넓이와 모양이 같은 도형을 만들어 보세요.

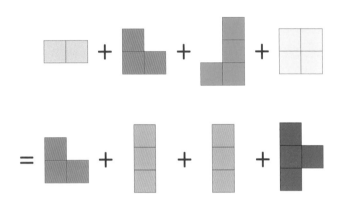

보기의 도형을 한 번씩만 사용하여 아래 모눈종이를 모두 채워 보세요.

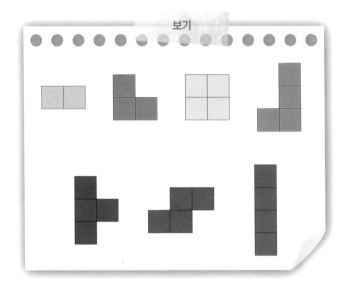

보기

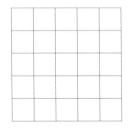

? 에 알맞는 숫자는 무엇일까요?

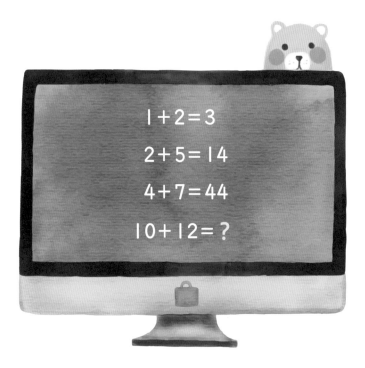

$$1 + 2 = 3$$
$$2 + 5 = 14$$
$$4 + 7 = 44$$
$$10 + 12 = ?$$

? 에 알맞는 숫자는 무엇일까요?

12+21=33

74+42=71

35+37=126

95+69= **?**

? 에 알맞는 숫자는 무엇일까요?

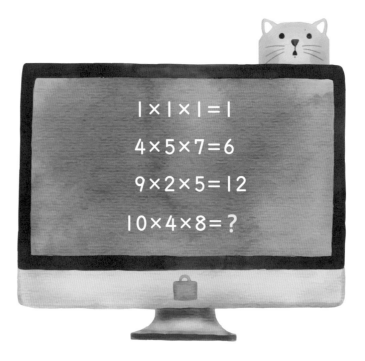

$$1 \times 1 \times 1 = 1$$
$$4 \times 5 \times 7 = 6$$
$$9 \times 2 \times 5 = 12$$
$$10 \times 4 \times 8 = ?$$

? 에 알맞는 숫자는 무엇일까요?

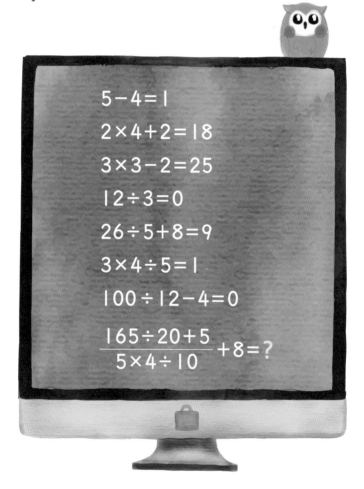

$$5-4=1$$

$$2\times4+2=18$$

$$3\times3-2=25$$

$$12\div3=0$$

$$26\div5+8=9$$

$$3\times4\div5=1$$

$$100\div12-4=0$$

$$\frac{165\div20+5}{5\times4\div10}+8=?$$

I를 첫 영문자로 시작하여 알파벳을 모두 연결하여 완성하면 어떤 문장이 될까요?

M을 첫 영문자로 시작하여 알파벳을 모두 연결하여 완성하면 어떤 문장이 될까요?

S	H	O	T	R
N	U	A	R	A
A	M	S	E	L
M	N	Y	S	I
O	K	E	I	M

T를 첫 영문자로 시작하여 알파벳을 모두 연결하여 완성하면 어떤 문장이 될까요?

A를 첫 영문자로 시작하여 알파벳을 모두 연결하여 완성하면 어떤 문장이 될까요?

숫자 게임

왼쪽 다이어리의 숫자를 관찰한 후 오른쪽 다이어리의
? 에 들어갈 숫자를 넣어 보세요.

3	l	5	5
2	l	4	7
6	3	0	5

2	l	0	5
4	2	?	6
5	4	5	9

왼쪽 다이어리의 숫자를 관찰한 후 오른쪽 다이어리의
? 에 들어갈 숫자를 넣어 보세요.

왼쪽 박스의 숫자들과 오른쪽 박스의 숫자들 사이의 관계를 관찰한 후 아래 두 개의 박스 사이의 규칙을 찾아내 **?** 를 채워 보세요.

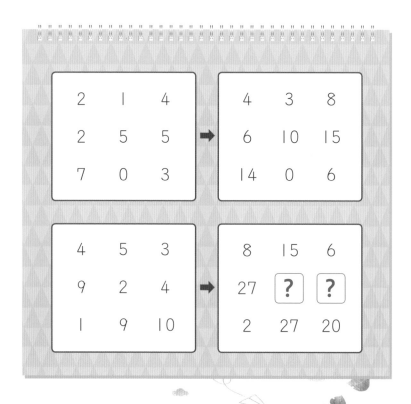

위의 세 개의 박스 속 숫자들 사이의 관계를 관찰한 후 아래 세 개의 박스 속 숫자의 규칙을 찾아내 **?**를 채워 보세요.

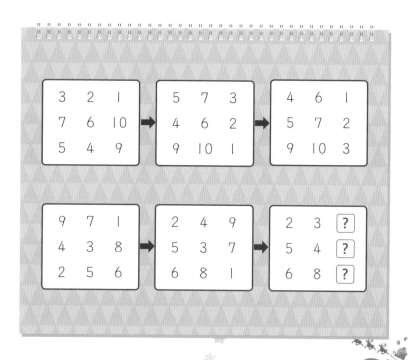

어떤 건물에 화재가 났다.

화재는 오후 7시에 나서, 다음날 오전 2시에 진압이 되었다.

화재에서 7명이 구조되었고 그중 4명이 병원으로 후송되었다.

화재가 난 후 3일째에는 사망자가 발생하지 않았고, 부상자는 중상자와 경상자만 있었다.

5일째에도 사망자는 발생하지 않았고, 손을 다친 2명의 아이를 치료 중이다. 다리를 다친 1명의 아이는 중상이었지만 빠르게 응급처치를 한 까닭에 완치되었다.

건물에는 엘리베이터가 있었지만 화재 당시 고장이 나서 비상 계단 두 곳으로 내려왔다. 지금은 화재가 발생한 지 7일째이다.

지금의 상황에 대해 바르게 설명한 문장은 무엇일까요?

① 사망자는 없다.

② 어른 중에 사망자가 있다. 그리고 아이 중에 중상자가 있다.

③ 3명은 별다른 부상을 당하지 않았다.

④ 손을 다친 아이는 경상자이거나 중상자이다.

⑤ 화재 당시의 기록은 정확하다.

A는 주황 옷, 흰 옷을 입지 않았다.

B는 파란 옷을 입었다.

C는 주황 옷을 입지 않았다.

D는 빨간 옷이나 흰 옷을 입었다.

E는 흰 옷을 입지 않았다.

A, B, C, D, E 다섯 사람이 빨강, 파랑, 주황, 흰색의 옷 중 어느 하나를 입고 있습니다. 다섯 문장을 읽고 주황색 옷을 입은 사람을 찾아보세요.

지영이의 왼쪽에는 근옥이가 있다.

은영이는 지영이의 오른쪽에 있다.

상희의 왼쪽에는 종명이가 있다.

종명이는 근옥이 옆에 있지 않다.

상희 오른쪽에도 근옥이는 없다.

근옥이와 종명이 사이에는 두 명이 있습니다.

다섯 명이 나란히 북쪽을 보고 가로로 서 있을 때 종명이 왼쪽에 있는 사람은 누구일까요?

우리 집에는 흰 털을 가진 고양이가 몇 마리
있다.

우리 집 흰 털을 가진 고양이는 검은 꼬리
이다.

갈색 털 고양이는 갈색 꼬리를 가진 것도 있다.

흰 털과 검은 털 고양이는 몸집이 크다.

갈색 털 고양이는 몸집이 작다.

흰 털 고양이와 갈색 털 고양이는 잘 우는
편이다.

왼쪽의 문장에서 알 수 있는 것은 무엇일까요?

① 흰 털을 가진 고양이는 검은 꼬리가 아닐 수도 있다.

② 털색과 꼬리색이 항상 같지는 않다.

③ 몸집이 작은 고양이는 갈색 털을 가지고 있다.

④ 우리 집 고양이는 흰 털, 검은 털, 갈색 털 고양이
만 있다.

⑤ 잘 울지 않는 고양이는 검은 털 고양이이다.

도형 시그널 퍼즐

도형 그림의 변화를 보고 보기에서 알맞은 것을 고르세요.

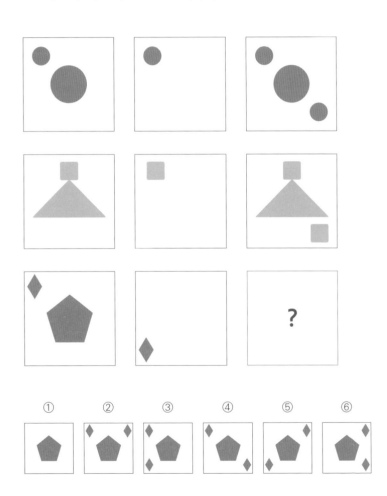

도형 그림의 변화를 보고 보기에서 알맞은 것을 고르세요.

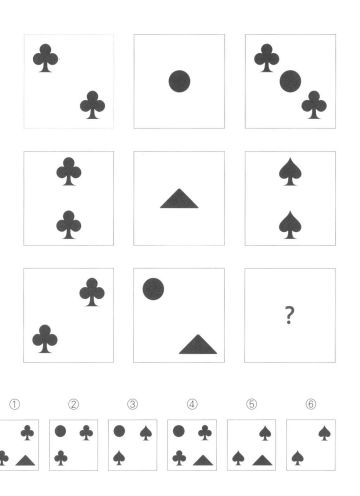

도형 그림의 변화를 보고 보기에서 알맞은 것을 고르세요.

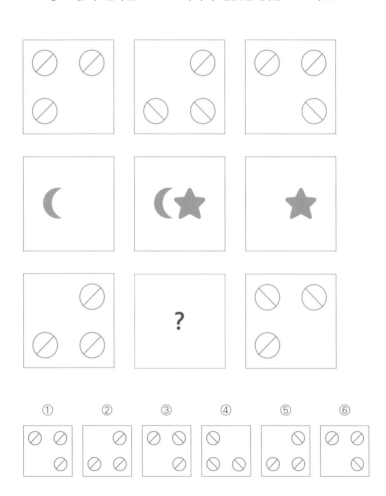

도형 그림의 변화를 보고 보기에서 알맞은 것을 고르세요.

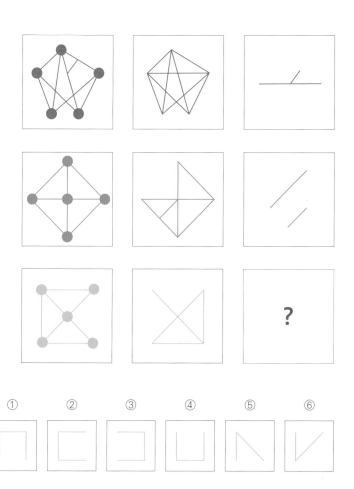

아래 숫자의 배열을 보고 **?** 에 알맞은 숫자를 구해
보세요.

높은 음자리표 안의 숫자는 어떤 규칙에 따라 결과가
나옵니다. 그렇다면 네 번째 **?** 에 들어갈 숫자는 무엇일
까요?

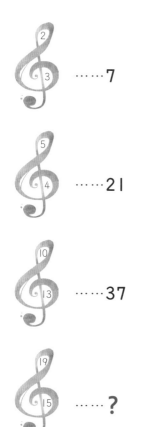

아래 숫자의 배열을 보고 **?** 에 알맞은 숫자를 구해 보세요.

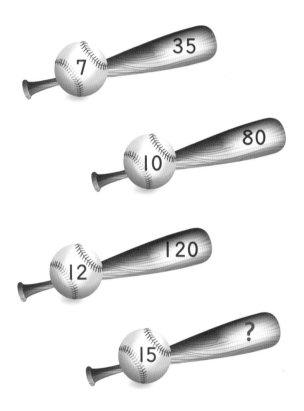

아래 숫자의 배열을 보고 **?** 에 알맞은 숫자를 구해 보세요.

| 3 | 2 | 1 | 5 | ······ 12 |
| 2 | 7 | 3 | 4 | ······ 15 |

| 4 | 3 | 8 | 6 | ······ 19 |
| 1 | 5 | 9 | 7 | ······ **?** |

구름, 비, 눈과 관계된 벤다이어그램을 아래 보기에서
골라보세요.

①

②

③

④

가구, 장롱 ,탁자와 관계된 벤다이어그램을 아래 보기
에서 찾아보세요.

①

②

③

④

박쥐, 고래, 토끼의 관계를 벤다이어그램으로 나타내면
어떻게 될까요?

①

②

③

④

아래 벤다이어그램 중에서 피아노, 현악기, 타악기는
어디에 적합할까요?

다음 가로, 세로에 1부터 6까지 숫자를 한 번씩 사용하여 스도쿠를 완성해 보세요.

4	1				
			1		
			5		6
6		3	4		2
2			6		
5	6				

다음 가로, 세로에 1부터 6까지 숫자를 한 번씩 사용하여 빈 칸을 완성해 보세요.

			4	6	
			1	5	
5	6				
		5	3		
		2	6		
				4	2

다음 가로, 세로에 1부터 4까지 숫자를 한 번씩 사용하여 스도쿠를 완성해 보세요.

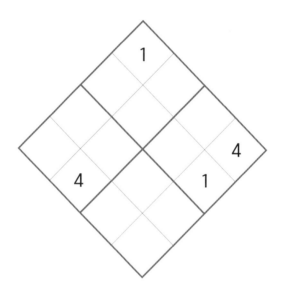

다음 가로, 세로에 1부터 7까지의 숫자를 한 번씩 사용하여 완성해 보세요.

3	4					
1	3		6	4		
			7	1		
			4	3		
2	1				5	4
6	5				2	3
7	6				4	1

아래 펄럭이는 깃발의 영문자와 숫자 간의 관계를 파악하고, **?** 에 차례대로 채워보세요.

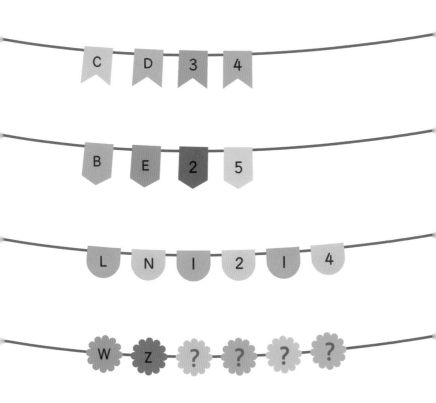

양 옆에 있는 영문자의 규칙에 따라 하트 초콜릿 안의 숫자가 만들어집니다. 그렇다면 초콜릿 안 **?** 의 숫자는 얼마일까요?

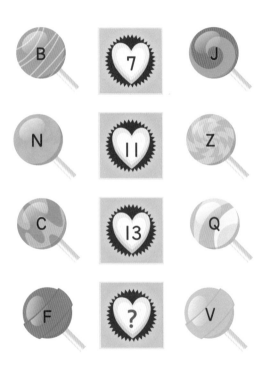

아래 두 개의 도르래를 보고 **?**에 알맞은 숫자를 차례
대로 구해 보세요.

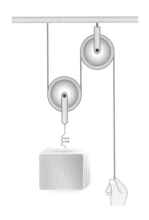

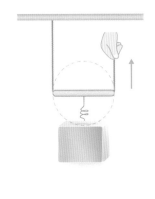

N	F	20
A	T	21
C	F	9
K	L	?

M	P	3
Q	Z	9
E	I	4
X	Z	?

아래 말굽 자석을 보고 **?** 에 알맞은 숫자를 써 보세요.

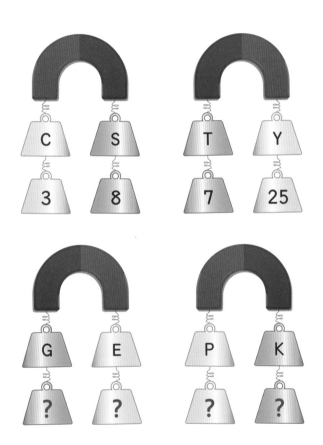

회전했을 때 다른 그림 하나를 골라보세요.

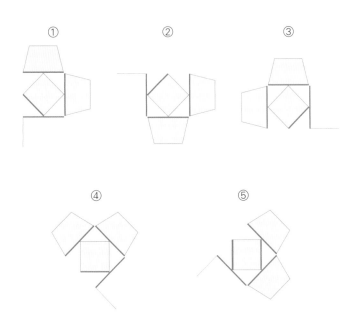

아래 28개의 알약 그림은 몇 종류로 구성되어 있을
까요?

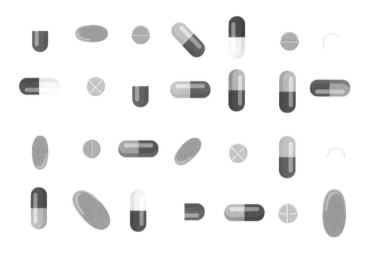

9조각으로 완성한 아래의 퍼즐 중에서 그림이 다른 한 조각을 찾아 ◯표하세요.

아래 10조각의 퍼즐 중 다른 한 조각을 찾아 ◯ 표하
세요.

아래 은행잎 그림을 보고 규칙을 찾아 A, B, C에 알맞은 숫자를 구해 보세요.

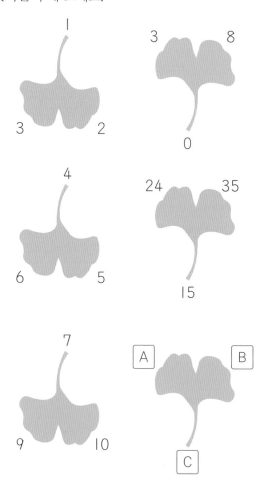

그림 ①는 2와 3이 나타내는 두 직선의 사잇각이 45° 이며, 꼭짓각 아래의 수는 7입니다. 그림 ①에서 그림 ④ 로 갈수록 사잇각은 90°씩 증가합니다. 각 그림에서 다른 그림으로 갈 때 숫자 3개의 변화를 살펴본 후 그림 ④의 **?**에 알맞은 숫자를 구해 보세요.

①

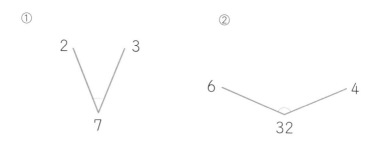

②

③

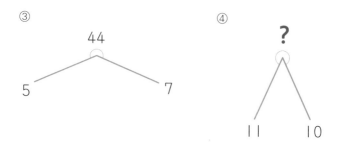

④

규칙을 찾아 **?** 에 알맞은 숫자를 구해 보세요.

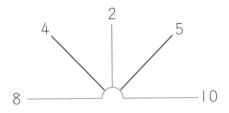

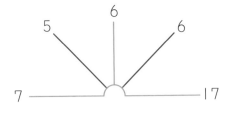

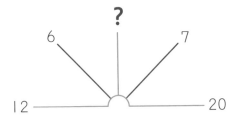

아래 정육면체의 각 선분에 나타난 숫자를 관찰한 후
? 에 알맞은 숫자를 구해 보세요.

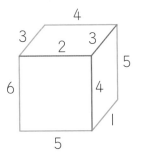

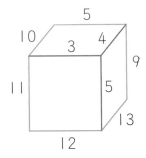

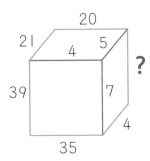

쓰고 남은 비누로 재생비누를 1개 만드는 데에는 사용한 빨래비누조각 7개가 필요합니다. 그리고 재생비누를 전부 사용하면 1개의 비누조각이 남게 되어 다시 재생비누를 만드는 데 사용할 수 있습니다. 그렇다면 재생비누를 계속 재사용하는 방식으로 전부 사용할 때, 121개의 비누조각으로는 몇 개의 재생비누를 만들어 사용할 수 있을까요?

조형물 공장에서는 하나의 철판을 8조각으로 나눈 뒤 그중 7조각으로 하나의 조형물을 완성합니다. 그리고 남은 조각 1개를 다시 7개 모아 1개의 새로운 조형물을 만듭니다. 그렇다면 이 공장에서 만든 100개의 조형물은 몇 개의 철판으로 만든 것일까요?

아래 그림처럼 실로폰 모양의 액세서리를 만들기 위한 판형을 제조하는 공장이 있습니다. 판형은 정사각형 모양으로 7cm×7cm입니다. 가로 1cm, 세로 7cm는 R1, 가로 1cm, 세로 6cm는 R2, 가로 1cm, 세로 5cm는 R3, …가로 1cm, 세로 1cm는 R7입니다. A를 7개 제조할 때 B는 1개씩 반드시 동시에 제조되어야 합니다. R1부터 R7까지 7개의 조각으로 실로폰 모양의 액세서리를 만들 수 있습니다. 액세서리를 150개 제조해야 한다면 A, B는 각각 몇 개의 판형이 필요할까요?

A   B

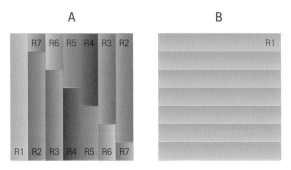

닥터 신은 신물질을 개발했습니다. 이 신물질을 3등분했더니 각각 신물질 그대로의 형태로 재생되었습니다. 닥터 신은 재생된 신물질을 다시 3등분해봤습니다. 그러자 이번에는 마지막 3번째 조각이 재생되지 않고 사라졌습니다. 3번째 재생된 신물질을 다시 3등분했을 때도 결과는 같았습니다. 4번째, 5번째…도 모두 같은 결과가 나온다고 했을 때 7번째 3등분했을 때 총 신물질은 몇 개가 되어 있을까요?

해 답

문제 1

답 5670

풀이 E×R=54; U×E=42을 보면 E가 6이라는 것을 추론할 수 있다. E의 값을 먼저 알게 되면 4개의 식에서 각각 S=3, U=7, P=5, R=9라는 것을 알 수 있다. 따라서 S×U×P×E×R==5670

문제 2

답 4032

풀이 O×V=48; O×E=56; B×O=24을 보면 O가 8이라는 것을 알 수 있으며, 4개의 식에서 각각 A=4, B=3, V=6, E=7이라는 것을 알 수 있다. 따라서 A×B×O×V×E=4032

문제 3

답 320

풀이 C×R=10과 B×R=20에서 R은 5이다. 4개의 식에서 각각 C=2, O=1, B=4, A=8이라는 것을 알 수 있다. 따라서 C×O×B×R×A=320이다.

문제 4

답 5040

풀이 이 문제는 앞의 3개의 유형과 는 약간 다른 식이 있는 문제이다. 그러나 풀이하는 방법의 시작은 비슷하다. R×T=10; A×T=14에서 T=2임을 추론할 수 있다. 그 다음 R=5, A=7이다. 마지막 식 P+R+T=16에서 P=9임을 알 수 있다. 첫째 식인 P×Y=72에서 Y=8이 된다. 따라서 P×A×R×T×Y=5040이다.

문제 1

답 ④

풀이

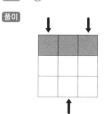

1열과 3열은 아래쪽으로 한 단계씩 이동한다. 4번 이동하면 그 모양은 사라진다. 그리고 5번째에서는 다시 위에서부터 파란색이 나타난다. 2열은 한 단계씩 위로 이동하며 5번째에는 다시 처음 위치가 된다. 따라서 정답은 ④이다.

문제 2

답 ①

풀이 1열과 2열은 아래쪽으로 한 칸씩 이동, 3열은 위쪽으로 한 칸씩 이동한다.

문제 3

답 ③

풀이 이번에는 열의 이동이 아닌 행의 이동이다. 1행과 3행은 한 칸씩 오른쪽으로 이동, 2행은 한 칸씩 왼쪽으로 이동한다.

문제 4

답 ③

풀이 1행과 3행은 오른쪽으로 한 칸씩 이동, 2행과 4행은 왼쪽으로 한 칸씩 이동한다. 이때는 색칠한 부분이 없다. 따라서 ③이다.

C

문제 1

답 2

풀이 행과 열을 보면, 1행을 기준으로 9−□=7, 따라서 □=2이다. 1열을 보자. 9−3=6이다. 그렇다면 여러분은 행

과 열의 관계로 단순한 뺄셈을 발견하게 된다

문제 2

답 11

문제 3

답 위부터 순서대로 8, 9

문제 4

답 위부터 순서대로 16, 13

D

문제 1

답 ①

풀이 첫 번째 그림에서 원 안의 ＼ 모양의 선분을 제거했다. 첫 번째 그림과 두 번째 그림의 차이의 관계를 유추하여 세 번째와 네 번째 그림에 대해 알 수 있다. 세 번째 도형의 ＼ 모양의 선분을 뺀다면 ①에 나타난 모양의 도형이 된다. 이와 같은 문제는 첫 번째 그림과 두 번째 그림을 보고, 세 번째 그림과 네 번째 그림을 유추하는 비례식이다.

문제 2

답 ③

풀이 도형을 시계 또는 반시계방향으로 45°, 135°, 225°, 315° 회전 이동한 것이다. 따라서 ③번처럼 180° 회전 이동한 그림이 될 수 없다.

문제 3

답

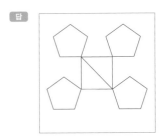

풀이 첫 번째 그림에서 중심에 있는 도형이 두 번째 그림에는 바깥으로 이동하면서 점이 없어진다. 그리고 첫 번째 그림의 도형 4개는 두 번째 그림에서 중심이 된다.
세 번째와 네 번째 그림도 마찬가지이다.

문제 4

답 ③

풀이 첫 번째 한자인 동녘 동(東)자와 두 번째 한자인 약속할 속(束)은 한 획 一의 차이이다. 그렇다면 세 번째 입체도형에

서는 한자의 한 획에 해당하는 가로의 선분 一이 하나씩 빠진 것이 올바른 보기이므로 ①, ②, ④는 옳다. ③는 선분 / 이 빠져 있다. 따라서 나머지 세 개의 보기와 다르다.

E

문제 1

답 67

풀이

앞의 숫자를 3배한 후 1을 더한 것이다. 따라서 **?** 에 알맞은 숫자는 67이다.

문제 2

답 95

풀이 앞의 숫자를 3배한 후 1을 뺀 것이다. 32×3−1=95. 따라서 **?**에 알맞는 숫자는 95이다.

문제 3

답 36

풀이 앞의 숫자를 2배한 후 4를 더한 것이다. 16×2+4=36. 따라서 빨간 구슬 안의 숫자는 36이다.

문제 4

답 342

풀이 앞의 숫자를 4배한 후 2를 빼는 규칙이다. 86×4-2=342. 따라서 빈 칸의 숫자는 342이다.

문제 1

답 13개

풀이 맨 아래를 1층으로 하면 8개가, 2층에는 4개가, 3층에는 1개가 있다. 따라서 모두 13개이다

문제 2

답 15개

풀이 1층에는 9개, 2층에는 4개, 3층에는 2개로 완성했으므로 모두 15개가 사용되었다.

문제 3

답 16개

풀이 A는 1층에 6개, 2층에 3개, 3층에 2개가 있으므로 11개가 쌓여 있다. B는 완성된 쌓기나무의 모습으로 3×3×3=27개의 쌓기나무로 이루어져 있다. 따라서 27-11=16개의 쌓기나무가 더 필요하다.

문제 4

답 51개

풀이 A는 1층에 8개, 2층에 4개, 3층에 1개가 있으므로 13개가 쌓여있다. B는 완성된 쌓기나무의 모습으로, 4×4×4=64개의 쌓기나무로 이루어져 있다. 따라서 64-13=51개의 쌓기나무가 더 필요하다.

문제 1

답 E

풀이 O는 One, T는 Two, T는 Three, F는 Four, F는 Five, S는 Six, S는 Seven이다. 즉, 기수의 앞글자 영문이다. 따라서 **?** 에는 기수 8을 나타내는 Eight의 E가 된다.

문제 2

답 ㄱ

풀이 여러분은 윷놀이를 해 보았을 것이다. 네 개의 윷가락으로 나오는 모양을 도 개걸윷모라고 한다. 따라서 **?** 에는 '걸'의 ㄱ자가 들어간다.

문제 3

답 ㄷ

풀이 위의 글자는 십이지신의 앞 글자의 자음을 나열한 것인데, ㅈ은 쥐이며, ㅅ은 소이다. 마지막 동물은 돼지이므로 ㄷ이다.

문제 4

답 G

풀이 무지개의 일곱 가지 색인 빨주노초파남보의 영어 첫 자음을 딴 것이다. 네 번째는 초록색이므로 Green의 G가 된다. 남색은 I로 Indigo의 약자이며, 보라색은 P 또는 V로 각각 Purple, Violet의 약자이다.

문제 1

답

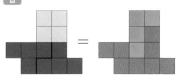

문제 2

답

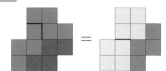

문제 3

답

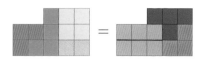

문제 4

답

문제 1

답 220

풀이 앞의 숫자와 뒤의 숫자를 더한 후 앞의 숫자를 한 번 더 곱하는 규칙이다.

$1+2=(1+2)\times1=3$,

$2+5=(2+5)\times2=14$의 방법이므로

$10+12=(10+12)\times10=220$

문제 2

답 155

풀이 12+21은 21+12로 각각 십의 자릿수와 일의 자릿수가 바뀌어 더한 것이다.

따라서 $12+21=21+12=33$,

$74+42=47+24=71$이 된다.

이에 따라 $95+69=59+96=155$.

문제 3

답 14

풀이

두 수를 더한다

$$4\times5\times7=4+7-5=6$$

가운데 수를 뺀다

곱하기가 두 개인 연산이지만 맨 앞의 수와 맨 뒤의 수를 더한 후 가운데 수를 빼는 규칙이다.

따라서 $10\times4\times8=10+8-4=14$.

문제 4

답 10

풀이 $5-4=1$에서 뺄셈에 대한 연산은 그대로 하면 된다. $2\times4+2=18$에서 2를 4번 곱한 후 2를 더하면 18이 된다. 여기서 덧셈도 연산은 그대로 하면 된다. 계속해서 $12\div3=0$을 보자. 여기서 연산이 의미하는 것은 12를 3으로 나누면 나머지가 0이라는 것이다. $26\div5+8=9$에서도 $26\div5$는 나머지가 1이다. 따라서 결과값이 9가 된다. $3\times4\div5=1$인 것으로 3을 4번 곱한 후 5로 나누면 나머지가 1인 것을 알 수 있다. 문제를 보면 $165\div20+5$가 분자에 있다. $165\div20+5=10$이다. 분모에 있는 $5\times4\div10=625\div10=5$이다. 따라서 정답은 10이다.

답 I USUALLY WEAR YELLOW CLOTHES.

풀이

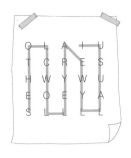

답 MONKEYS ARE SIMILAR TO HUMANS.

풀이

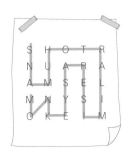

답 THE PENALTY SHOOT OUT IS TENSE.

풀이

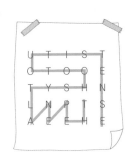

답 A RAINBOW HAS SEVEN COLORFUL COLORS.

풀이

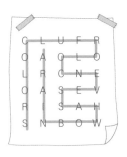

문제 1

답 4

풀이 왼쪽 정사각형 안의 맨 위의 행을 보자. 3, 1, 5, 5의 네 개의 숫자가 있다. 맨 앞의 3과 맨 뒤의 5를 곱하면 무엇이 되는가? 15이다. 두 번째와 세 번째 수가 바로 1, 5이므로 15가 된다. 두 번째 행에서 2, 1, 4, 7을 보아도 2×7=14라는 것을 알 수 있다.

그렇다면 오른쪽 정사각형의 문제에서 4와 6의 곱은 24이므로 빈칸은 2□에서 4가 된다.

문제 2

답 2

풀이 왼쪽 정사각형 안의 맨 위 숫자들의 배열을 보자. 9, 6, 7, 3이다. 첫 번째 숫자 9와 세 번째 숫자 7을 곱하면 63이다. 두 번째 숫자 6, 네 번째 숫자 3이 63을 나타낸다. 다른 것도 마찬가지이다.

따라서 오른쪽 문제에서 3×9=27이므로 빈 칸의 숫자는 2이다.

문제 3

답 순서대로 4, 12

풀이

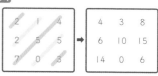

──── 대각선 방향으로 2배

──── 대각선 방향으로 3배

첫 번째 그림과 두 번째 그림은 대각선 방향으로 2배, 3배를 번갈아가면서 규칙을 적용했다. 따라서 네 번째 그림의 빈 칸은 4, 12이다.

문제 4

답 위부터 1, 7, 9

풀이 첫 번째 그림에서 시계방향으로 90도 회전하면 두 번째 그림이 된다. 그리고, 두 번째 그림에서 1열을 보면 5, 4, 9에서 가장 작은 수를 가장 위에, 가장 큰 수를 가장 아래 놓으면 4, 5, 9의 순서가 된다. 2열과 3열도 마찬가지이다. 이러한 두 단계의 과정을 적용하면 여섯 번째 그림의 빈 칸은 1, 7 ,9이다.

L

문제 1

답 ③

풀이 7명이 다쳤는데, 4명만 병원에 갔으므로 3명은 별다른 부상을 당하지 않았다고 예상할 수 있다.

문제 2

답 E

풀이 다섯 문장대로 분석하면 A, B, C는 주황 옷을 입지 않았다. 그리고, D는 빨간 옷이나 흰 옷을 입은 경우가 있는데, 임의로 어떤 하나를 결정하더라도 D는 주황색을 입지 않았다. 따라서 E가 주황 옷을 입었다.

문제 3

답 은영

풀이 근옥, 지영, 은영, 종명, 상희 순으로 가로로 서 있다.

문제 4

답 ②

풀이 우리 집 고양이는 흰색, 갈색, 검은색 외에도 더 있을 수 있음을 감안하면 푸는 속도가 좀 더 빠르고 정확할 것이다.

M

문제 1

답 ②

풀이 행을 기준으로 보면, 첫 번째 그림과 두 번째 그림을 합해서 세 번째 그림이 완성된다. 첫 번째 그림과 두 번째 그림을 합할 때, 두 번째 그림은 시계 방향으로 90도씩 두 번 회전한 후 합해야 한다.

문제 2

답 ③

풀이 보라색 원은 어떠한 무늬가 합쳐져도 그대로 합하면 된다. 보라색 삼각형은 클로버가 스페이드로 바뀌면서 없어진다. 따라서 이에 알맞은 그림은 ③이다.

문제 3

답 ⑥

풀이 M문제 1, 2번과는 달리 행이 아닌 열을 보고 푸는 문제이다. 1열을 보면, 달의 기호에 의해 시계방향으로 90° 두 번 회전 이동하는 것을 알 수 있다. 3열에서는 별의 기호에 의해 바로 오른쪽에 거울을 대면 비춘 그림이 된다.

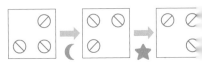

문제 4

답 ①

풀이 행을 기준으로 보면, 왼쪽 그림과 오른쪽 그림에서 서로 갖지 않은 직선을 각각 찾아내어 그리면 세 번째 그림이 완성된다.

문제 1

답 39

풀이 숫자를 2배한 후 7을 더한다. 따라서 $16 \times 2 + 7 = 39$

문제 2

답 80

풀이 높은 음자리표의 가장 위에 있는 숫자를 5배한 후 아래 숫자를 빼면 된다. 따라서 $19 \times 5 - 15 = 80$

문제 3

답 195

풀이 $7 \cdots\cdots 35 \rightarrow 7 \times 7 - 7 - 7 = 35$

$10 \cdots\cdots 80 \rightarrow 10 \times 10 - 10 - 10 = 80$

야구공 안의 숫자를 두 번 곱한 후 그 숫자를 두 번 빼면 된다. 따라서 $15 \times 15 - 15 - 15 = 195$

문제 4

답 24

풀이 검은 칸은 검은 칸끼리, 흰 칸은 흰 칸끼리 숫자를 더하면 된다. 첫 번째 그림에서 $2+2+3+5=12$, $3+7+1+4=15$이다. 따라서 $4+5+8+7=24$

문제 1

답 ④

풀이 구름에서 비와 눈이 내리므로 비와 눈은 구름의 부분집합이 된다. 진눈깨비는 비와 눈의 교집합이다.

문제 2

답 ③

풀이 장롱, 책장, 탁자를 통틀어 가구라 한다. 장롱, 탁자는 서로 공통점이 없다.

문제 3

답 ④

풀이 박쥐, 고래, 기린은 포유류이다. 세 동물은 포유류인 점이 공통점이므로 ④가 알맞은 벤다이어그램이다.

문제 4

답 ②

악기는 관악기, 현악기, 타악기로 구분된다. 피아노는 경우에 따라 현악기일 수도 타악기일 수도 있다.

문제 3

답

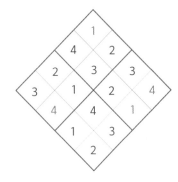

문제 1

답

4	1	5	2	6	3
3	2	6	1	4	5
1	4	2	5	3	6
6	5	3	4	1	2
2	3	1	6	5	4
5	6	4	3	2	1

문제 2

답

2	1	3	4	6	5
3	2	6	1	5	4
5	6	4	2	3	1
1	4	5	3	2	6
4	5	2	6	1	3
6	3	1	5	4	2

문제 4

답

3	4	1	2	5	6	7
1	3	2	6	4	7	5
4	2	5	7	1	3	6
5	7	6	4	3	1	2
2	1	7	3	6	5	4
6	5	4	1	7	2	3
7	6	3	5	2	4	1

문제 1

답 차례대로 2, 3, 2, 6

풀이 영문자 C에 해당하는 숫자는 알파벳 순서로 세 번째이기 때문에 3이다. 알파벳 26개를 나열하여 그 순서를 알면 충분히 풀 수 있는 문제이다. 즉 D는 네 번째이므로 4가 된다.

따라서 문제의 WZ에서 W는 23번째, Z는 26번째이므로 2326이다.

문제 2

답 15

풀이 초콜렛 안의 숫자는 두 영문 사이에 있는 영문자의 개수를 나타낸다. B와 J 사이에는 C, D, E, F, G, H , I의 영문자 7개이다. 따라서 7이다. F와 V 사이에는 15개의 영문자가 있다.

문제 3

답 차례대로 23, 2

풀이 왼쪽 도르래는 영문자끼리의 값의 합이다. 이 문제도 영문자를 순서대로 나열하면 해결할 수 있는 문제이다. N은 14, F는 6이므로 그 합은 20이다. 따라서 KL은 11+12=23이다. 한편 오른쪽 도르래는 두 영문자의 차를 의미한다. M은 13, P는 16이므로 16−13=3이다. 따라

서 XZ는 26−24=2이다.

문제 4

답 차례대로 20, 5, 16, 16

풀이 말굽자석의 파란 부분 아래에 맞는 숫자는 알파벳의 앞에서부터의 순서이다. 빨간 부분 아래에 맞는 숫자는 알파벳 뒤에서부터의 순서이다. 따라서 G는 20, E는 5, P는 16, K는 16이다.

문제 1

답 ⑤

풀이

⇨ ①, ②, ③, ④ 그림

⇨ ⑤ 그림

문제 2

답 11가지

풀이

문제 3

답

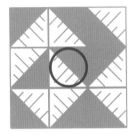

풀이

 ⇨ 8조각 사용

 ⇨ 1조각 사용

문제 4

답

 ⇨ 1조각 사용

 ⇨ 9조각 사용

S

문제 1

답 A = 99, B = 80, C = 48

풀이 왼쪽 은행잎을 오른쪽 또는 왼쪽으로 180도 회전한 후 세 개의 숫자를 보면, 그 은행잎에 위치한 숫자를 한 번 더 곱한 후 1을 뺀 것을 알 수 있다.

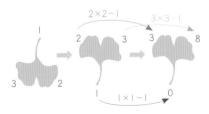

구하고자 하는 문제에서 아래 그림처럼 은행잎을 180도 회전한 후 자기자신의 수를 한 번 더 곱한 후 1을 뺀다.

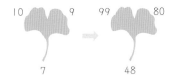

따라서 A=99, B=80, C=48

문제 2

답 111

풀이 그림 ①은 3×3−2=7, 그림 ②는 6×6−4=32, 그림 ③은 7×7−5=44이다. 따라서 그림 ④는 11×11−10=111 이다. 이와 동시에 알 수 있는 것이 있다. 그림이 ①에서 ④로 갈수록, 90°씩 증가하면서 두 직선을 나타내는 숫자가 오른쪽이 크다가 왼쪽이 큰 것을 반복하는 것이다. 따라서 이러한 규칙으로 그림 ④는 왼쪽 수가 오른쪽 수보다 크다.

문제 3

답 10

풀이 빨간 직선에 있는 두 숫자의 곱은 파란 선 위에 있는 세 수의 합과 같다. 따라서 6×7=12+**?**+20을 풀면 **?**=10

문제 4

답 21

풀이 빨간 선분을 나타내는 숫자의 곱과 파란 선분을 나타내는 선분의 합은 같다. 이에 따라 맨 앞의 그림에서 2×3×4=4+3+6+5+1+5=24로 같다.

따라서 문제를 풀면

4×5×7=20+21+39+35+4+**?**=140

?=21

T

문제 1

답 20개

풀이 121÷(7−1)=20…1

재생비누조각이 재생비누로 만들어지기 위해서는 7개가 필요하다. 여기서 1개가 모자른 6개로 나누어보면 121÷(7−1)=20…1이다. 빨래 비누조각이 1개가 남는다. 이 조각 1개가 맨 처음 빨래비누 1개를 만들 수 있다. 1개의 빨래 재생비누를 사용하면 다시 1개의 비누조각으로 남고, 이것을 다음 빨래하는데 사용하기 위해 모자른 6개의 비누조각에 붙이면 재생비누가 만들어지게 된다. 이와 같은 방식으로 사용하고 남은 재생비누 조각의 사용을 20번까지 할 수 있다.

최종 20개의 빨래 재생비누를 만들고 사용한 후 만들어진 1개의 비누조각은 나머지가 된다.

답 88개

풀이

철판 개수		조형물 개수
7개	→	8개
14개	→	16개
21개	→	24개
⋮		
84개	→	96개

84개의 철판으로는 96개의 조형물을 만들 수 있다. 85개는 조형물 97개…
이러한 방법으로 풀면 88개의 철판으로는 조형물 100개를 만들 수 있다.

문제 3

답 A판형 77개, B판형 11개

풀이 A판형이 7개 만들어질 때 B판형은 1개가 만들어지고, 액세서리는 14개가 만들어진다. A판형이 14개가 만들어질 때는 B판형은 2개가 만들어지고, 액세서리는 28개가 만들어진다.

A판형의 개수, B판형의 개수, 액세서리의 개수를 순서쌍으로 나타내면

(7, 1, 14)

(14, 2, 28)

⋮

(70, 10, 140)

(77, 11, 154)

A판형과 B판형은 동시에 7개, 1개씩 만들어지므로 액세서리 150개를 만들기 위해서는 A판형이 77개, B판형이 11개가 만들어져서 액세서리는 154개가 만들어진다. 즉 4개의 액세서리는 남더라도 150개는 달성한 것이다.

문제 4

답 1095등분

풀이 마지막 등분은 두 번째 실험부터 재생이 안 되므로 3, 6, 15, 42,…이러한 수열로 나열될 것이다. 자세히 살펴보면 앞의 숫자를 3배한 후 3을 뺀 것이다. 따라서 조금 더 나열하면 3, 6, 15, 42, 123, 366, 1095로 일곱 번째의 실험이 1095개의 등분으로 나누어지는 것을 알 수 있다.
이 수열은 $\frac{1}{2} \times (3^n + 3)$의 수학공식으로도 풀 수 있다. n은 실험 횟수이다.

A 멘사 1979년 6월.

B 멘사 1984년 9월.

C 멘사 1979년.

D 멘사 1979년.

E 멘사 1986년 1월.

F 멘사 1992년 1월.

G 멘사 1992년 1월.

H WPC(세계 퍼즐 협회)의 출제 문제.

I 랜달 존스가 2016년 4월 페이스북에 올려 전 세계적으로 많은 호응을 받았던 숫자 퍼즐 문제.

J 멘사 유형의 문제를 소개하고 있는 과학 수학 자료 연구기관.

K 멘사 1984년 9월.

L 멘사 1986년 1월.

M 아이큐 테스트를 연구하고 생성하는 학술기관.

N 2015년 일간 데일리 사이트에 실린 멘사 예상문제.

O 인디빅스 퍼즐 모음 사이트에서 소개한 벤다이어그램에 관한 지능 문제.

P WPC 세계퍼즐대회 문제 중 스도쿠 문제.

Q 인디빅스에서 소개한 멘사 유형 문제.

R 아이큐 테스트 진단 기관의 무료 샘플문제. 자유롭게 아이큐 테스트 문제를 풀어볼 수 있다.

S 인디빅스의 수록 퍼즐 문제.

T 영국 멘사 홈페이지의 매일매일 퀴즈 코너 소개 문제.

본문 문제의 원본 유형 문제의 출처는 위와 같습니다.

www.us.mensa.org

www.mensa.org.uk/about - mensa/faqs

www.mensa.org.uk

www.scientificamerican.com

www.iq - brain.com

www.dailymail.co.uk

www.indiabix.com

www.indiabix.com

www.iqtestexperts.com

www.indiabix.com